Inhaltsverzeichnis

Thema	Seite
Links und rechts	2 – 7
Linke Hand	2
Rechte Hand	3
Links und rechts am eigenen Körper	4
Links oder rechts?	6
Muster	8 – 9
Muster fortsetzen	8
Grundmuster erkennen	9
Körper	10 – 13
Körper in der Umwelt	10
Körpereigenschaften	12
Lagebeziehungen	14 – 17
Oben oder unten?	14
Oben, in der Mitte oder unten?	16
Achsensymmetrie	18 – 23
Symmetrische Figuren	18
Spiegeln	20
Spiegelbilder finden	22
Ebene Figuren	24 – 31
Ebene Figuren	24
Freihandzeichnen	25
Falten und schneiden	26
Mit Formenplättchen auslegen	28
Wortspeicher und Bausteine des Wissens	32

Linke Hand

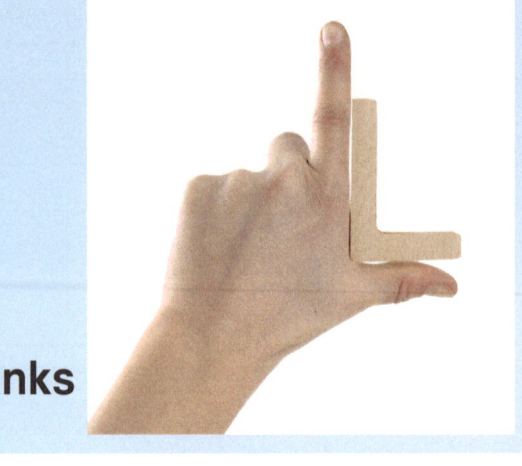

l **links**

1 Wo ist die linke Hand (l)? Kreise ein.

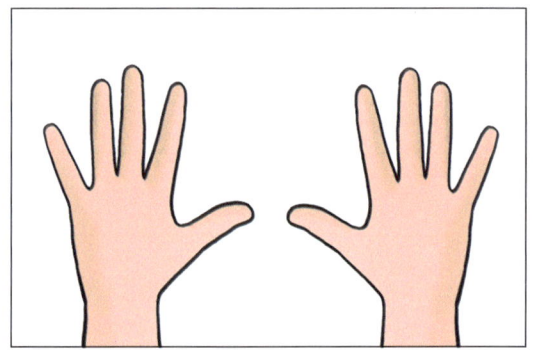

2

3

› 1–3 Zu den Bildern erzählen und immer die linke Hand einkreisen.

Rechte Hand

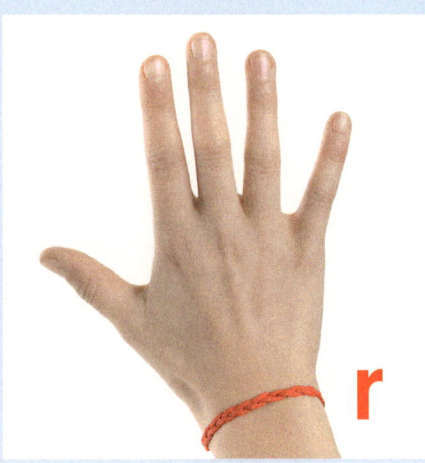

r **r**echts

1 Wo ist die rechte Hand (**r**)? Kreise ein.

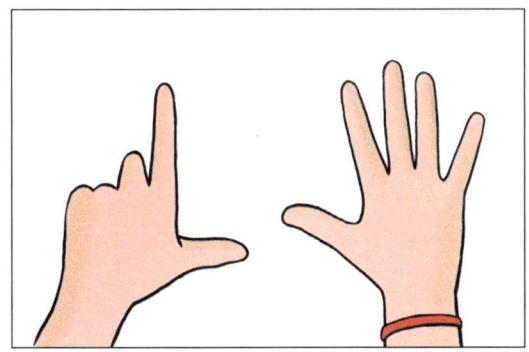
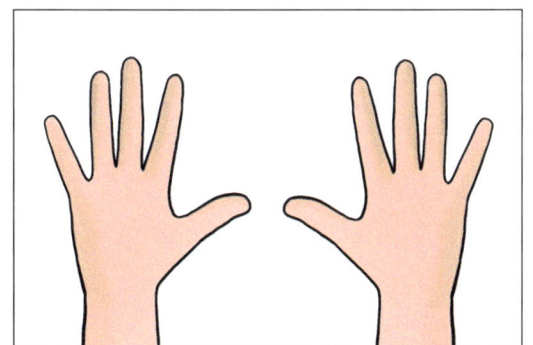

2

3

› **1–3** Zu den Bildern erzählen und immer die rechte Hand einkreisen.

Links und rechts am eigenen Körper

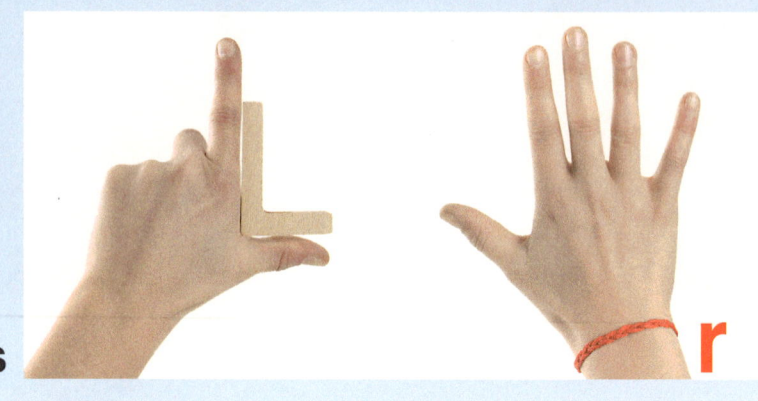

l links   r rechts

1 Links (l) oder rechts (r)? Kreise ein.

l (r)    l r    l r

2

l r    l r    l r

3

l r    l r    l r

› 1–3 Zu den Bildern erzählen und einkreisen, welche Hand benutzt wird.

Links und rechts am eigenen Körper

1 Links (**l**) oder rechts (**r**)? Kreise ein.

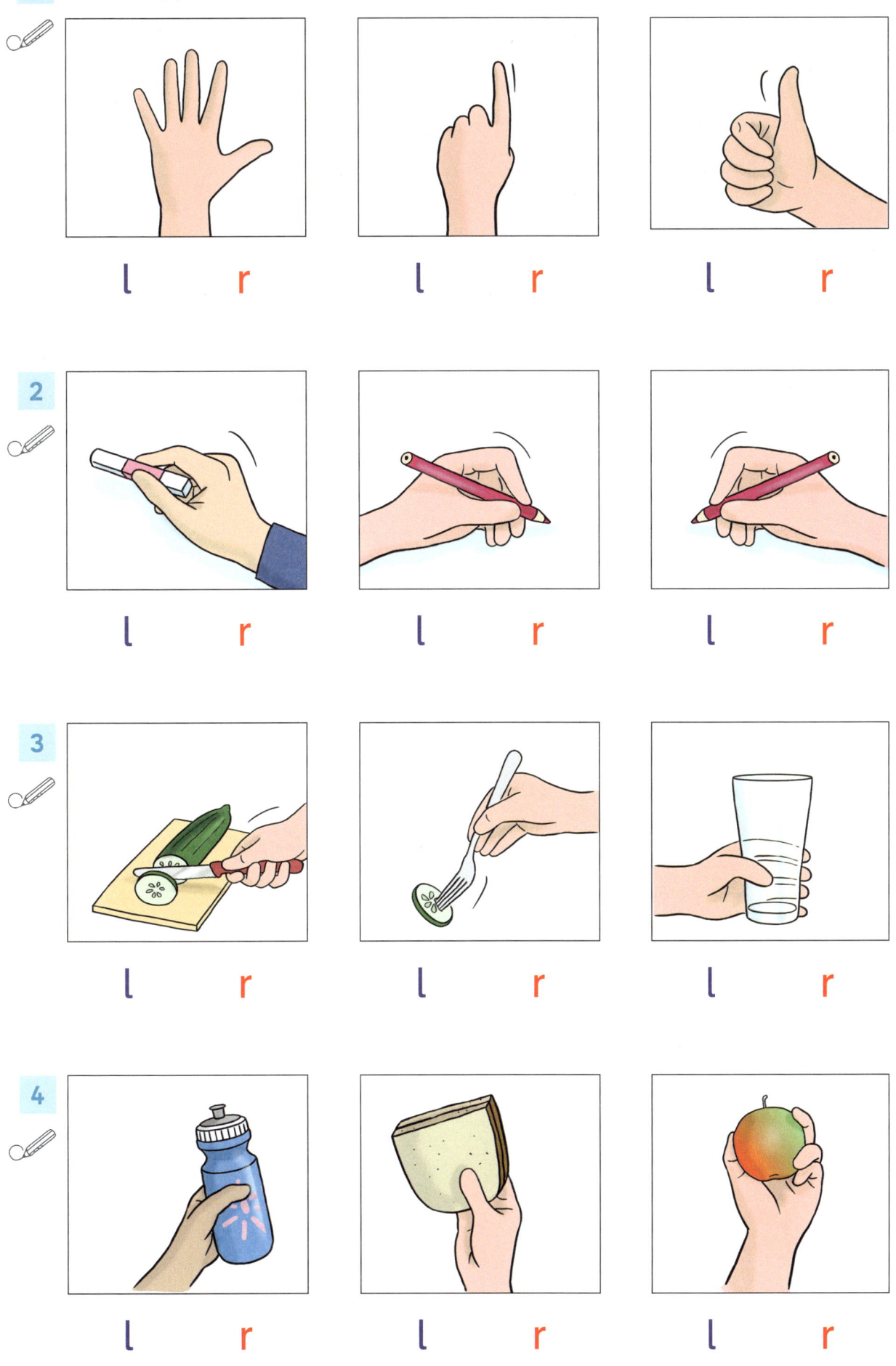

› 1–4 Zu den Bildern erzählen und einkreisen, welche Hand benutzt wird.

Links oder rechts?

l links   **r** rechts

1 Was sieht Theo links (**l**), was sieht Theo rechts (**r**)?

2

3

› 1–3 Zum Bild erzählen. Was sieht Theo links, was sieht er rechts? Einkreisen, was stimmt.

Links oder rechts?

l **l**inks   r **r**echts

1 Was sieht Mia links (**l**), was sieht Mia rechts (**r**)?

l   r    l   r    l   r

2

l   r    l   r    l   r

3

l   r    l   r    l   r

› 1–3 Zum Bild erzählen. Was sieht Mia links, was sieht sie rechts? Einkreisen, was stimmt.

Muster fortsetzen

das Muster

1 Male das Muster nach.

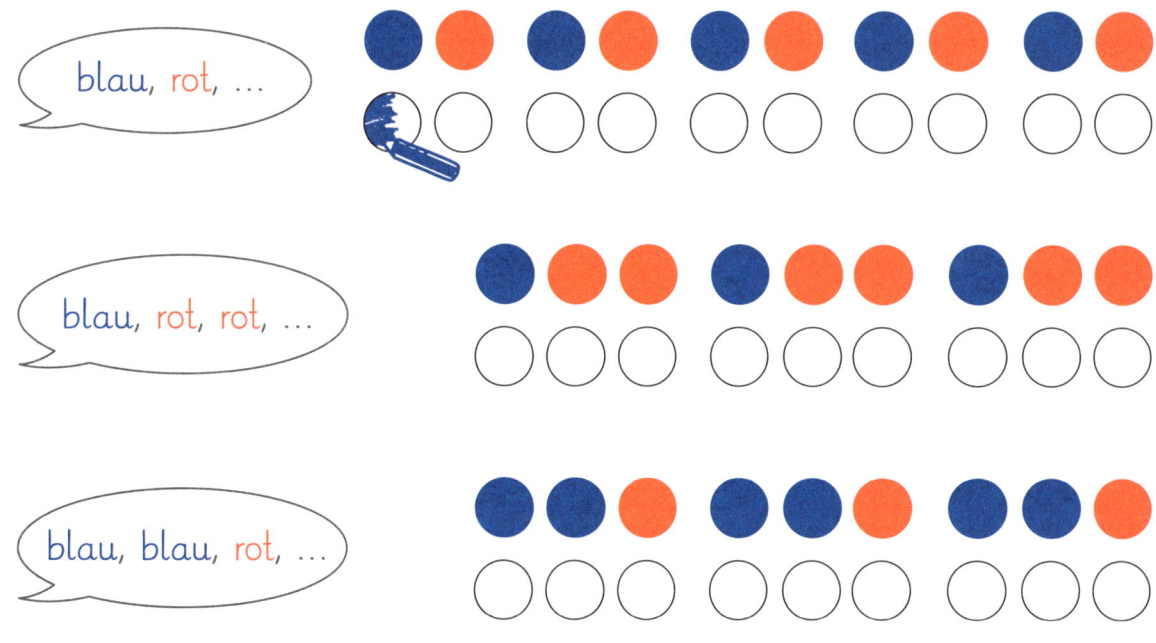

2 Male das Muster weiter.

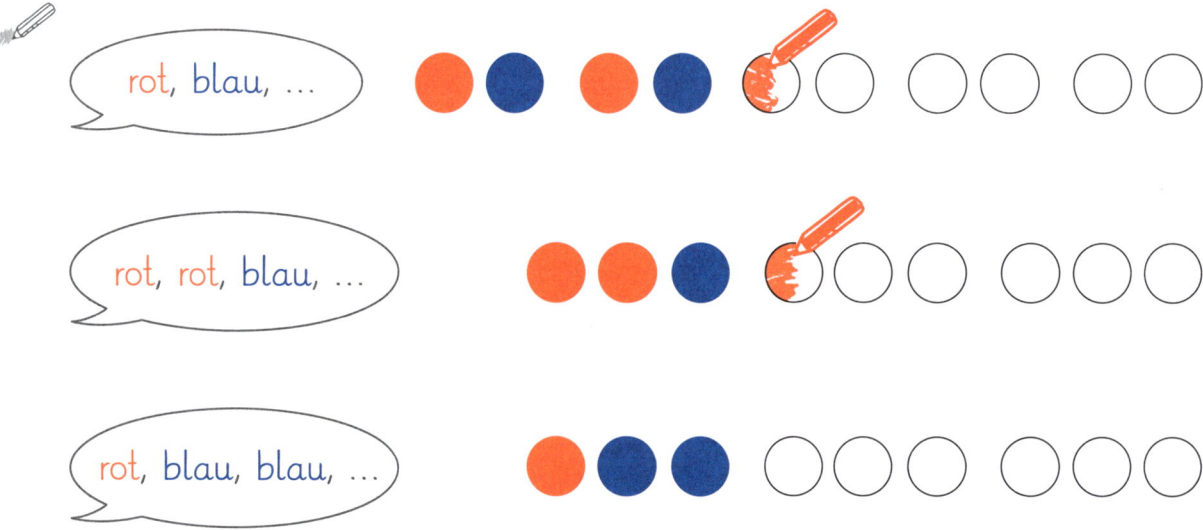

› **1** Muster nachlegen und beschreiben, dann nachmalen.
› **2** Muster nachlegen und beschreiben, dann fortsetzen.

Grundmuster erkennen

Das Grundmuster wiederholt sich.

Rot, rot, blau, blau. Das ist das Grundmuster.

1 Wiederhole das Grundmuster.

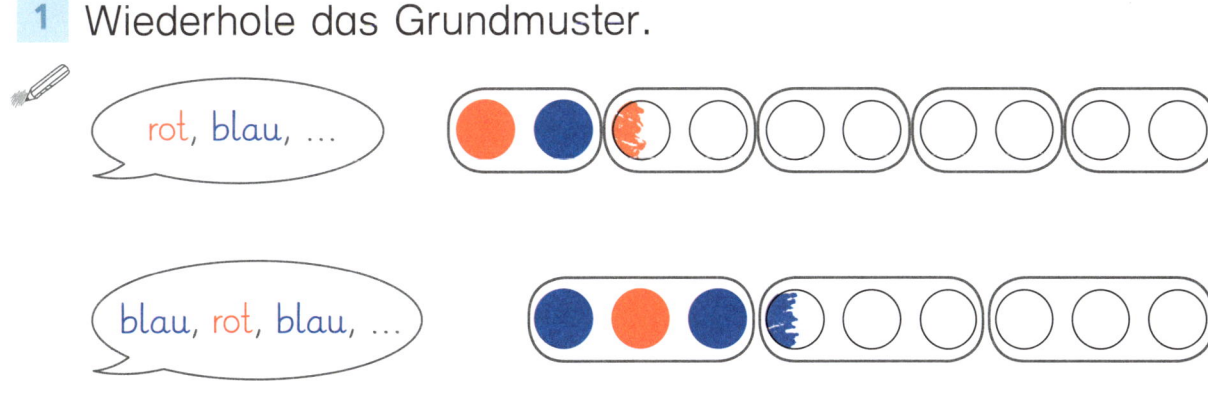

2

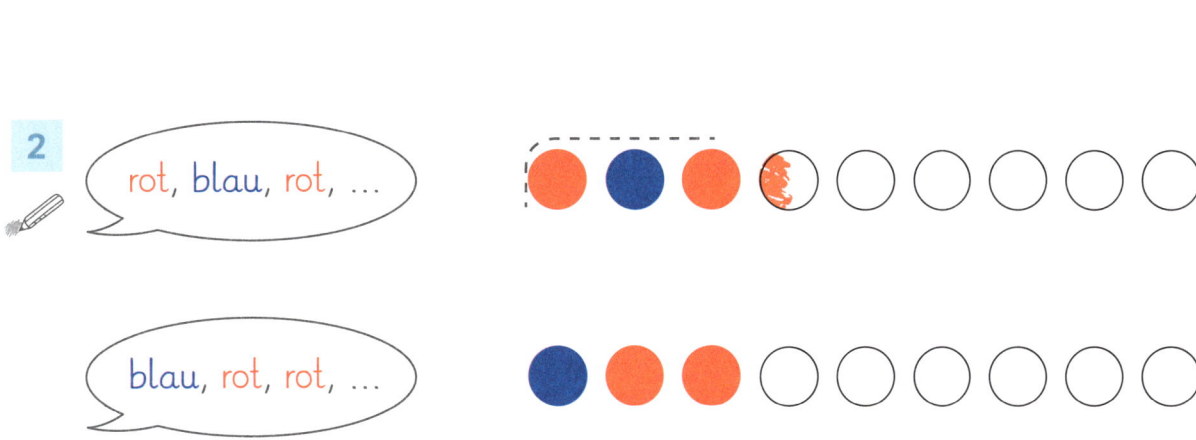

3 Finde das Grundmuster.

› **1** Das Grundmuster beschreiben und wiederholen.
› **2** Grundmuster einkreisen.

Körper in der Umwelt

1 Was sieht so aus? Verbinde.

› 1 Was sieht so aus? Gegenstand mit dem passenden Körper verbinden.

Körper in der Umwelt

1 Was passt nicht? Streiche durch.

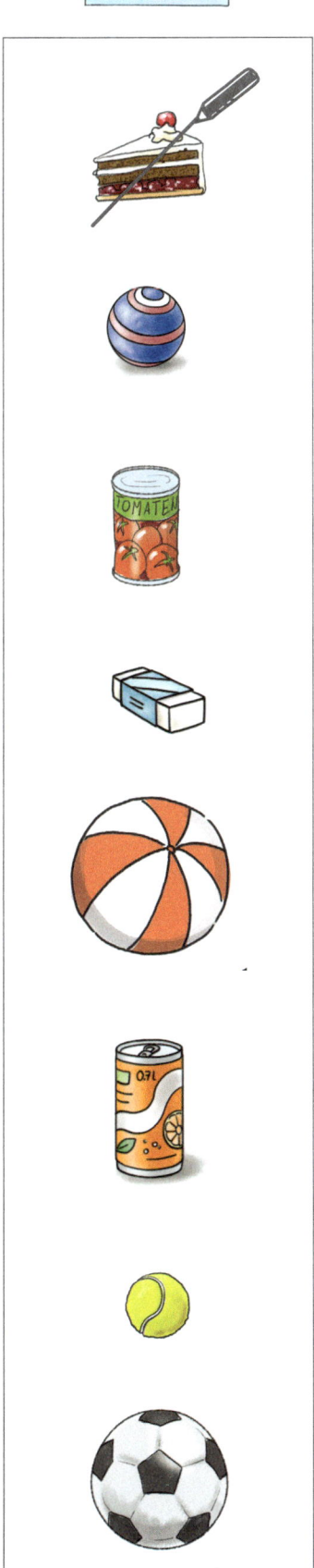

› 1 Was sieht nicht so aus? Nicht passende Gegenstände durchstreichen.

Körpereigenschaften

1

2 Verbinde passend.

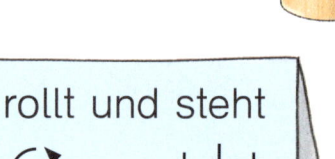

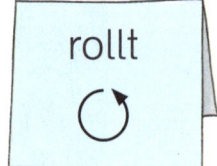 rollt 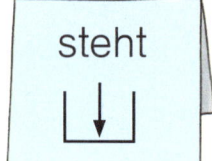 steht 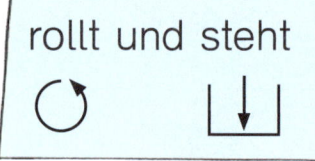 rollt und steht

› **1** Selbst ausprobieren, welche Körper rollen, stehen, rollen und stehen. Beobachtung mit den passenden Begriffen beschreiben.
› **2** Körper mit den passenden Eigenschaften verbinden.

Körpereigenschaften

Körper

die Kugel	der Quader	der Zylinder
	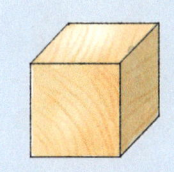 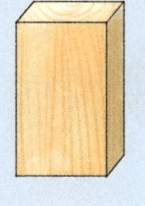 der Würfel	 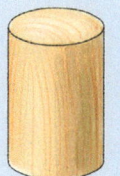
rollt	steht	rollt und steht

1

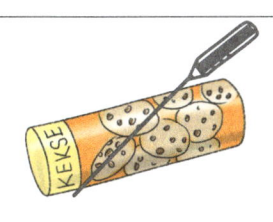

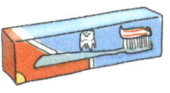

› **1** Was passt nicht? Durchstreichen.

Oben oder unten?

oben

unten

1 Oben oder unten im Regal? Verbinde.

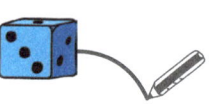

oben

unten

2 Unten oder unten? Verbinde.

oben

unten

› 1–2 Wo liegt der Gegenstand im Regal? Gegenstand der passenden Lagebeschreibungen zuordnen.
Auch zu den Bildern erzählen und auf die richtige Verwendung der Begriffe achten.

Oben oder unten? Links oder rechts?

oben links  oben rechts

unten links unten rechts

1 Oben links oder unten links? Verbinde.

oben links

unten links

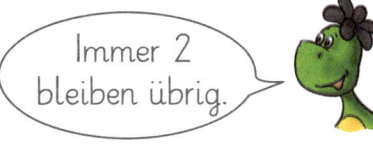

Immer 2 bleiben übrig.

2 Oben rechts oder unten rechts? Verbinde.

oben rechts

unten rechts

› **1–2** Wo liegt der Gegenstand im Regal? Gegenstand der passenden Lagebeschreibungen zuordnen. Immer 2 Gegenstände bleiben übrig. Auch zu den Bildern erzählen und auf die richtige Verwendung der Begriffe achten.

Oben, in der Mitte oder unten?

oben

in der Mitte

unten

1 Oben, in der Mitte oder unten? Verbinde.

oben

in der Mitte

unten

2 Oben, in der Mitte oder unten? Verbinde.

oben

in der Mitte

unten

› 1–2 Wo liegt der Gegenstand im Regal? Gegenstand der passenden Lagebeschreibungen zuordnen.
Auch zu den Bildern erzählen und auf die richtige Verwendung der Begriffe achten.

Oben, in der Mitte oder unten? Links oder rechts?

oben links

in der Mitte links

unten links

oben rechts

in der Mitte rechts

unten rechts

1 Oben links, in der Mitte links oder unten links? Verbinde.

oben links

in der Mitte links

unten links

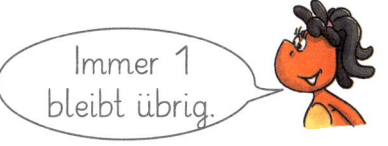

Immer 1 bleibt übrig.

2 Oben rechts, in der Mitte rechts oder unten rechts? Verbinde.

oben rechts

in der Mitte rechts

unten rechts

Symmetrische Figuren

1

2 Was passt nicht? Streiche durch. *Immer 2 passen nicht!*

3

4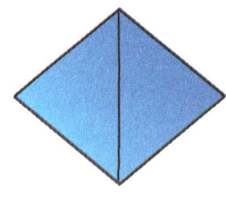

5

› **1** Eigene Falt-Schnitt-Bilder herstellen.
› **2–5** Wo wurde das Falt-Schnitt-Bild ausgeschnitten? Durchstreichen, was nicht passt.

Symmetrische Figuren

1

Jetzt ist nur der Baum aufgefaltet.

2 Immer zwei passen nicht dazu. Streiche sie durch.

3

4

5

› 1–4 Wo wurde das Falt-Schnitt-Bild ausgeschnitten? Durchstreichen, was nicht passt.

Spiegeln

1

2 Mache wieder ganz...

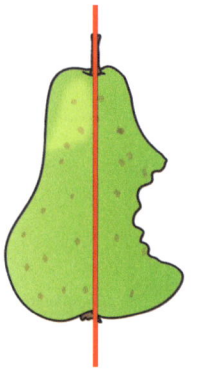 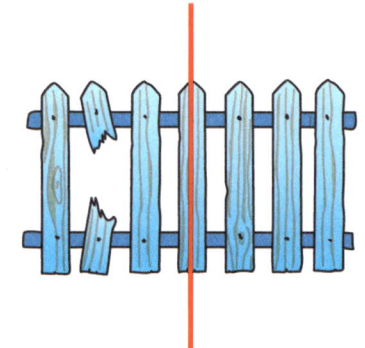 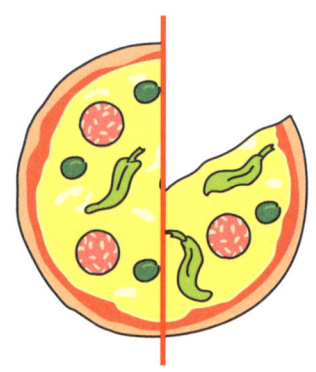

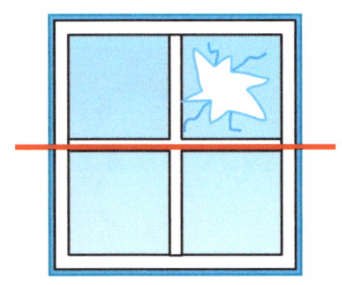  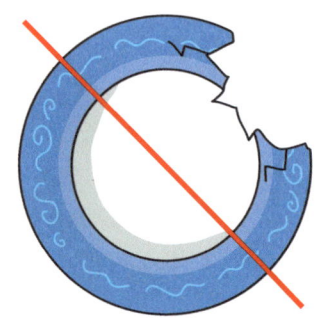

› **1** Mit dem Spiegel im Klassenzimmer experimentieren und beschreiben, was durch den Spiegel anders aussieht.
› **2** Spiegel an die rote Achse stellen und beschreiben, was sich verändert (z. B. „Der Zaun ist wieder ganz", „Der Zaun hat jetzt 2 Löcher").

Spiegeln

1

2 Mache mehr oder weniger...

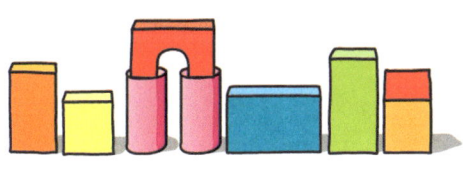 

3 Mache länger oder kürzer...

› **2** Den Spiegel verschieben und dadurch die Anzahl der Gegenstände vergrößern bzw. verringern.
› **3** Den Spiegel verschieben und dadurch die Gegenstände verlängern oder verkürzen.

Spiegelbilder finden

1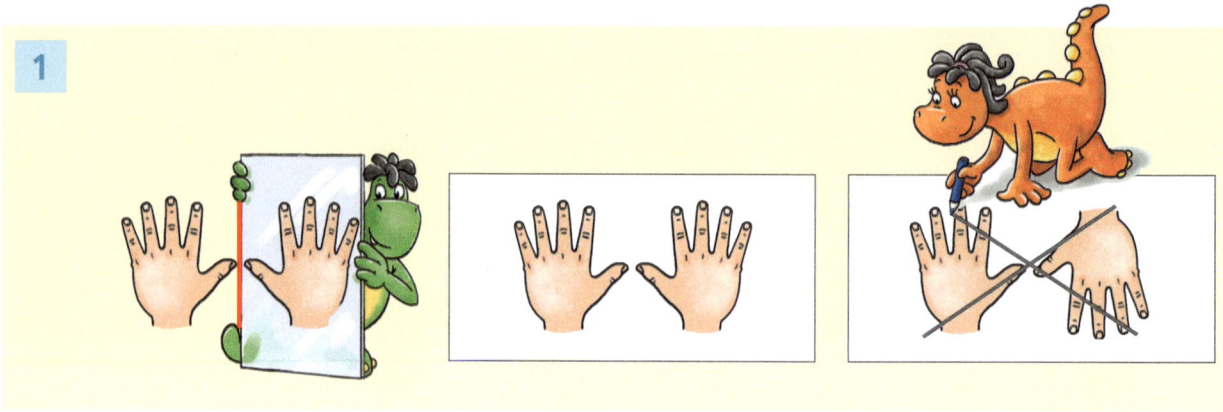

2 Welches Bild passt nicht? Streiche es durch.

3

4

5

6

› **1** Den Spiegel unterschiedlich aufstellen und jeweils prüfen, wie das Spiegelbild aussieht.
› **2–6** Spiegel an die rote Achse stellen und Spiegelbilder erzeugen. Je ein Bild ist falsch. Falsches Bild durchstreichen.

Spiegelbilder finden

1 Welches Bild passt nicht? Streiche es durch.

  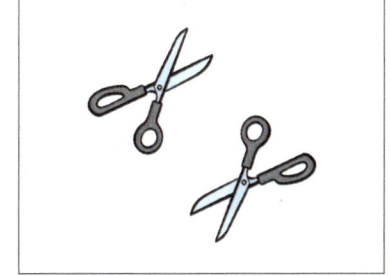 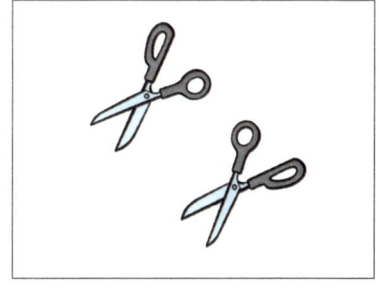

› **1–5** Spiegel an die rote Achse stellen und Spiegelbilder erzeugen. Je ein Bild ist falsch. Falsches Bild durchstreichen.

Ebene Figuren in der Umwelt

Kreise	Dreiecke	Vierecke

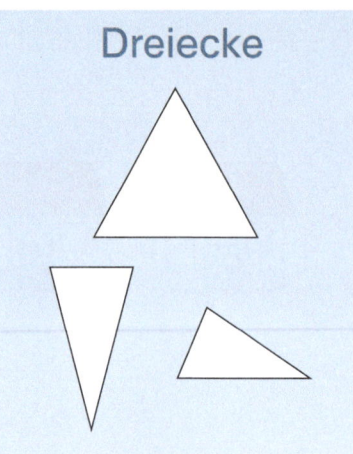
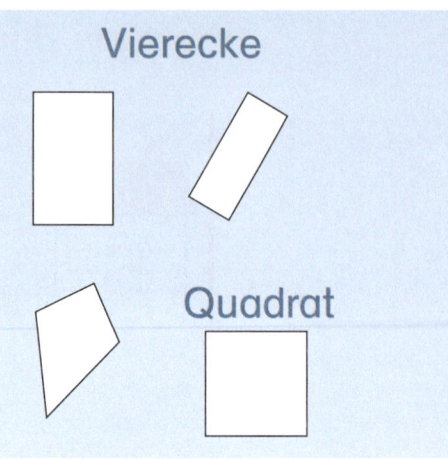

Quadrat

1

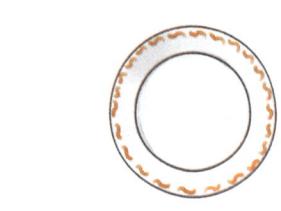
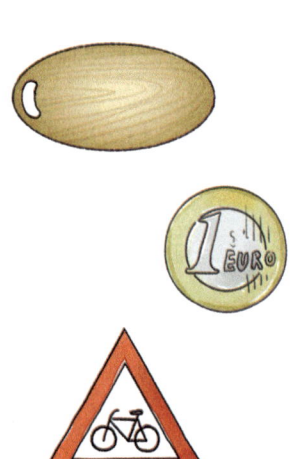

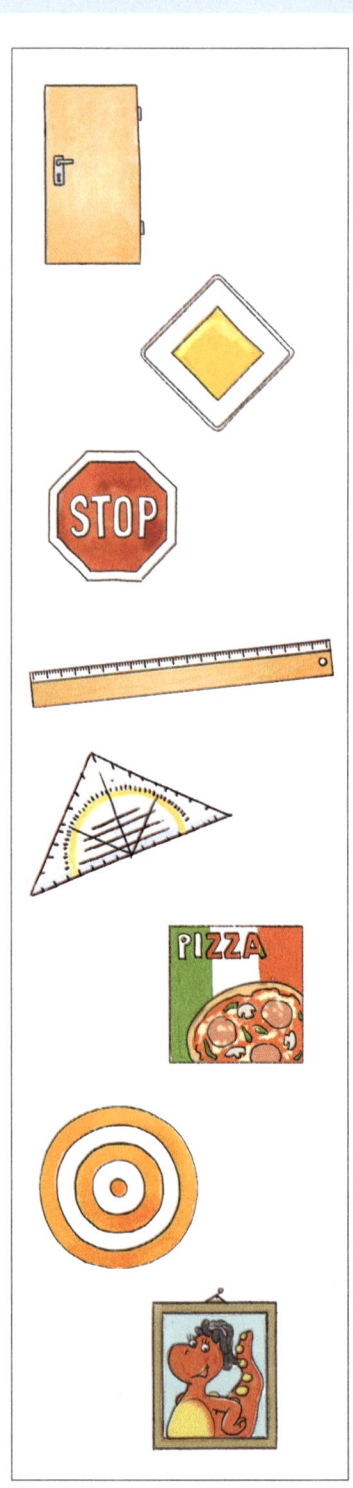

› **1** Was passt nicht? Durchstreichen. Dabei auch zu den Bildern erzählen und sie mit den Fachbegriffen beschreiben.

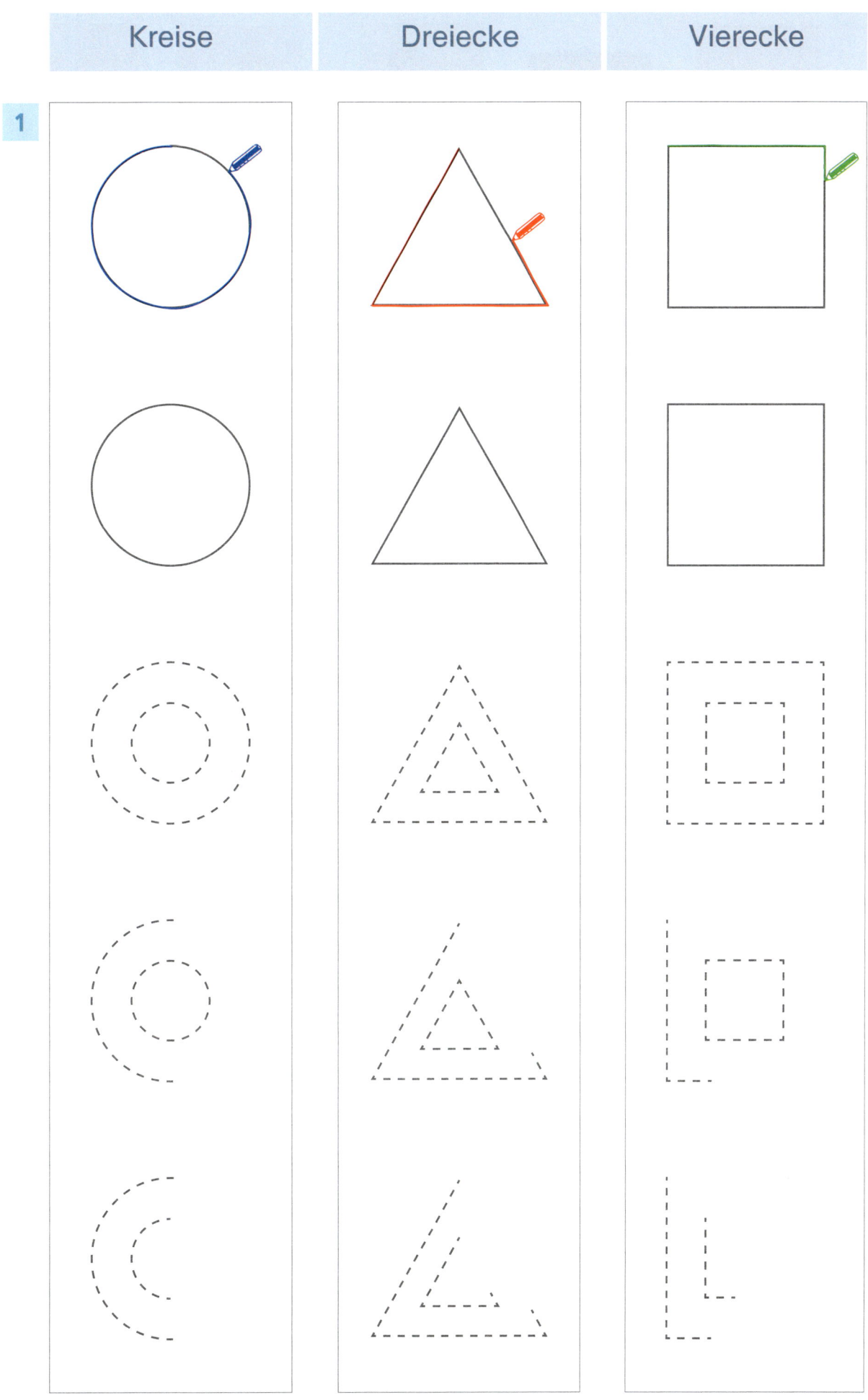

› 1 Formen nachspuren und das Freihandzeichnen üben. Je nach Bedarf mit mehreren Farben wiederholen.

Falten und schneiden – Rechtecke und Quadrate

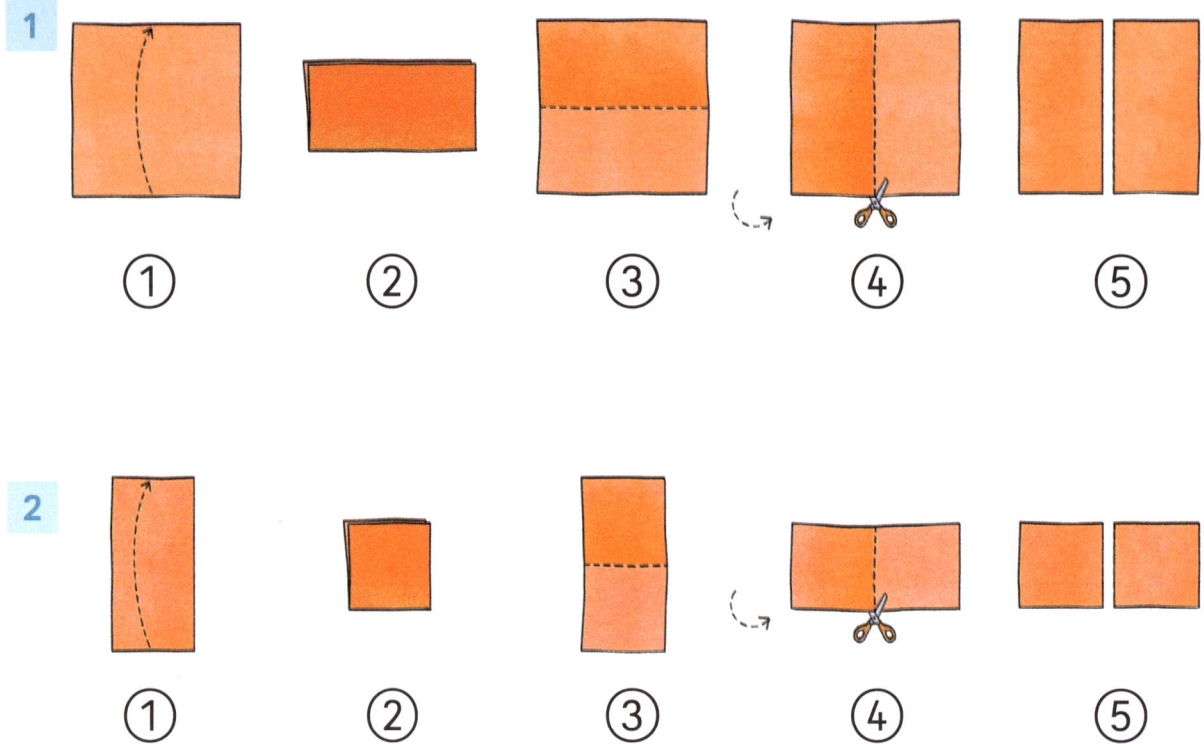

3

› **1–2** Nach Anleitung Rechtecke und Quadrate falten und ausschneiden.
› **3** Mit ausgeschnittenen Rechtecken und Quadraten ein Formenbild legen und kleben.

Falten und schneiden – Dreiecke

1

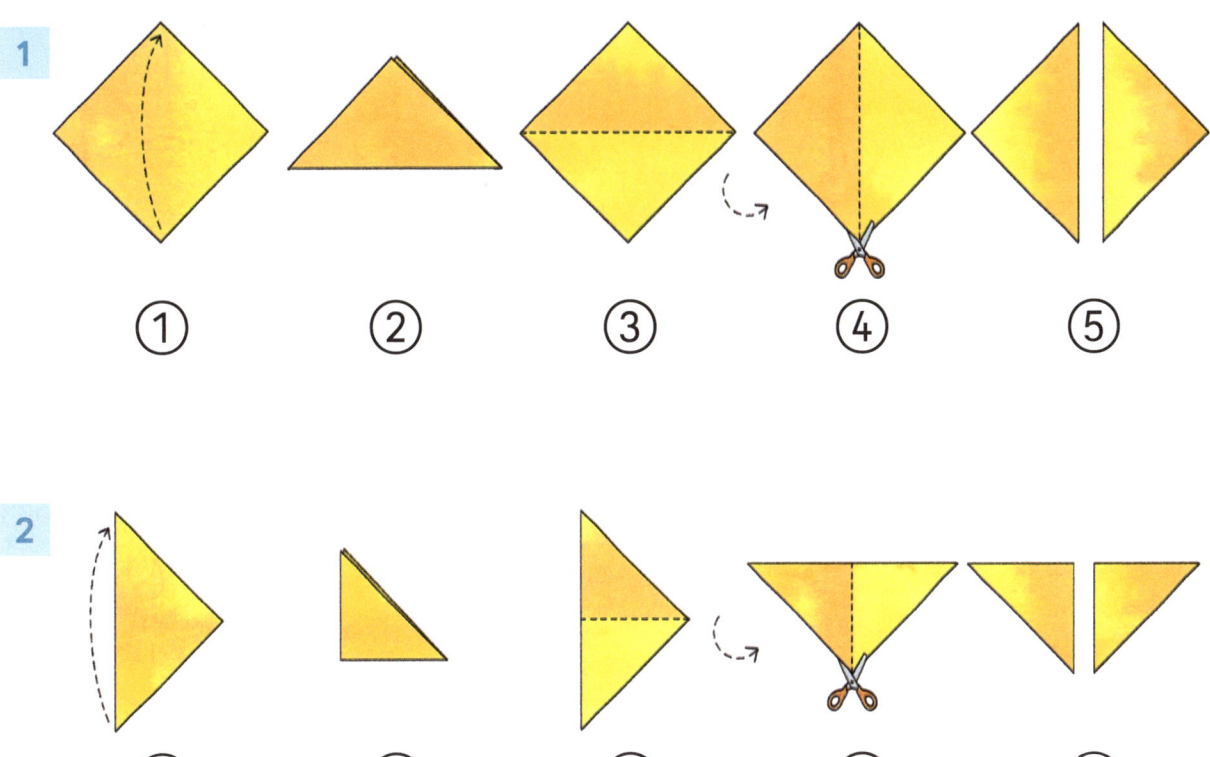

2

3

› **1–2** Nach Anleitung Dreiecke falten und ausschneiden.
› **3** Mit ausgeschnittenen Dreiecken ein Formenbild legen und kleben.

Mit Formenplättchen auslegen

28 › Figuren mit geometrischen Formen auslegen.

Mit Formenplättchen auslegen

› Figuren mit geometrischen Formen auslegen.

Mit Formenplättchen auslegen

Figuren mit geometrischen Formen auslegen.

Mit Formenplättchen auslegen

› Figuren mit geometrischen Formen auslegen.
Nach dem Auslegen können die Figuren mit den Formenplättchen beklebt werden.

31

Wortspeicher und Bausteine des Wissens

Links und rechts

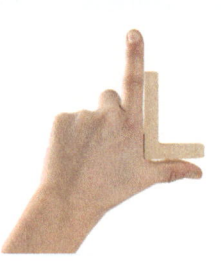 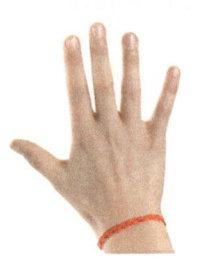

l links　　　　**r** rechts

Lagebeziehungen

oben links　　　　oben rechts

in der Mitte links　　　　in der Mitte rechts

unten links　　　　unten rechts

Muster

Blau, blau, rot ist das Grundmuster.

Das Grundmuster wiederholt sich.

Körper

die Kugel　　　der Quader　　　der Zylinder

　　 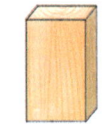　　

der Würfel

rollt　　　　steht　　　　rollt und steht

Ebene Figuren

der Kreis　　　das Dreieck　　　das Viereck

das Quadrat